四川省工程建设地方标准

四川省房屋建筑与市政基础设施建设项目管理基础数据标准

DBJ 51/T 029 – 2014

Standard for basic data of project management of engineering construction field of Sichuan Province

主编单位：四川省建设科技发展中心
批准部门：四川省住房和城乡建设厅
施行日期：2014年12月1日

西南交通大学出版社

2014 成都

图书在版编目（CIP）数据

四川省房屋建筑与市政基础设施建设项目管理基础数据标准 / 四川省建设科技发展中心主编. —成都：西南交通大学出版社，2015.1
ISBN 978-7-5643-3539-7

Ⅰ. ①四… Ⅱ. ①四… Ⅲ. ①建筑工程－工程项目管理－数据－标准－四川省②市政工程－工程项目管理－数据－标准－四川省 Ⅳ. ①TU71-65②TU99-65

中国版本图书馆 CIP 数据核字（2014）第 262643 号

四川省房屋建筑与市政基础设施建设项目管理基础数据标准

主编单位　四川省建设科技发展中心

责任编辑	杨　勇
助理编辑	胡晗欣
封面设计	原谋书装
出版发行	西南交通大学出版社 （四川省成都市金牛区交大路 146 号）
发行部电话	028-87600564　028-87600533
邮政编码	610031
网　址	http://www.xnjdcbs.com
印　刷	成都蜀通印务有限责任公司
成品尺寸	140 mm × 203 mm
印　张	2.75
字　数	67 千字
版　次	2015 年 1 月第 1 版
印　次	2015 年 1 月第 1 次
书　号	ISBN 978-7-5643-3539-7
定　价	27.00 元

各地新华书店、建筑书店经销
图书如有印装质量问题　本社负责退换

关于发布四川省工程建设地方标准《四川省房屋建筑与市政基础设施建设项目管理基础数据标准》的通知

川建标发〔2014〕466号

各市州及扩权试点县住房城乡建设行政主管部门，各有关单位：

由四川省建设科技发展中心主编的《四川省房屋建筑与市政基础设施建设项目管理基础数据标准》，已经我厅组织专家审查通过，现批准为四川省推荐性工程建设地方标准，编号为：DBJ 51/T029－2014，自2014年12月1日起在全省实施。

该标准由四川省住房和城乡建设厅负责管理，四川省建设科技发展中心负责技术内容解释。

四川省住房和城乡建设厅

2014年9月9日

前　言

根据四川省住房和城乡建设厅《关于下达四川省工程建设地方标准〈四川省建筑市场监管平台数据库数据标准〉编制计划的通知》（川建标发〔2011〕303号）要求，标准编制组进行了深入的调查研究，充分应用省内外住房城乡建设信息化科研成果和实践经验，并广泛征求了意见。为便于按不同的业务类型使用标准，标准编制组建议将《四川省建筑市场监管平台数据库数据标准》分为《四川省工程建设从业企业资源信息数据标准》《四川省工程建设从业人员资源信息数据标准》《四川省房屋建筑与市政基础设施建设项目管理基础数据标准》，并经审查委员会审查同意。

本标准共分为6章和2个附录。主要内容是：总则，术语，数据元组成，数据元分类，数据元描述和数据元集等。

本标准由四川省住房和城乡建设厅负责管理，四川省建设科技发展中心负责具体技术内容解释。本标准在执行过程中，请各单位结合工程实践，注意总结经验，积累资料，随时将有关意见和建议反馈给四川省建设科技发展中心（地址：成都市人民南路四段 36 号；邮编：610041；联系电话：028-85521239；邮箱：ranxj@163.com），以供今后修订时参考。

本标准主编单位：四川省建设科技发展中心

本标准参编单位：四川省金科成地理信息技术有限公司
成都金阵列科技发展有限公司

本标准主要起草人：薛学轩　游　炯　李　斌　冉先进
魏军林　王文才　杨　勇　汪小泰
曾天绍　任墨海　韩晓东　温　敏

本标准主要审查人：向　学　邓绍杰　徐　慧　罗进元
孔　燕　冯　江　崔红宇　金　石
张春雷

目　次

Contents

1 总 则

1.0.1 为了保证四川省房屋建筑与市政基础设施建设项目数据的标准化和规范化，便于工程建设项目信息交换和资源共享，制定本标准。

1.0.2 本标准适用于四川省房屋建筑与市政基础设施建设项目管理过程中的资源信息数据标识、分类、编码、存储、检索、交换、共享和集成等数据处理工作。

1.0.3 四川省房屋建筑与市政基础设施建设项目的数据应用除应按本标准执行外，尚应符合国家现行有关标准的规定。

1.0.4 数据元的注册应符合现行国家标准《信息技术 数据元的规范和标准化》（GB/T 18391）的规定。

1.0.5 本标准与国家法律、行政法规的规定相抵触时，应按国家法律、行政法规的规定执行。

2 术 语

2.0.1 房屋建筑项目 housing construction project

房屋建筑包括除工业生产厂房及其配套和附属建筑以外的所有非生产性建筑，分为居住建筑、办公建筑、旅馆酒店建筑、商业建筑、居民服务建筑、文化建筑、教育建筑、体育建筑、卫生建筑、科研建筑、交通建筑、人防建筑、广播电影电视建筑等。

2.0.2 市政工程项目 municipal engineering project

市政工程分为城市道路工程、城市轨道工程、城市公共广场工程、城市桥涵工程、城市供水工程、城市排水工程、城市供气工程、城市供热工程、生活垃圾处理工程、城市园林工程、停车设施工程等11大类。

2.0.3 建设项目资源信息数据 resource information data of construction project

建设项目管理过程中需要存储、交换和共享的项目属性信息。

2.0.4 数据元 data element

用一组属性描述起定义、标识、表示和允许值的数据表单。

2.0.5 标识符 identifier

分配给数据元唯一的标识符。

2.0.6 中文名 chinese name

数据元的中文名称。

2.0.7 类型 type

由数据元操作决定的用于采集字母、数字和符号的格式，以描述数据元的值。

2.0.8 值域 value domain

允许值的集合。

2.0.9 描述 description

对字段特殊规定的解释。

2.0.10 数据元值 value of data elemen

数据单元中数据项的数据内容。

2.0.11 数据元值域 value domain of data element

数据单元中数据项的数据内容的取值范围。

2.0.12 数据元版本标识符 version identifier of data element

数据单元的版本号表示方式。

3　数据元组成

3.0.1　数据元由标识符、中文名、类型、值域、描述等组成。

3.0.2　数据元的标识符、中文名应保持唯一性。

4 数据元分类

4.0.1 数据元的分类应以四川省房屋建筑与市政基础设施建设项目管理业务现状及发展需求为基础，且应以国家现行有关标准为依据。

4.0.2 四川省房屋建筑与市政基础设施建设项目管理的数据元标示位为“3”。

4.0.3 数据元分类代码及分类名称应符合表4.0.3的规定。

表4.0.3 数据元分类代码及分类名称

分类代码	分类名称	分类代码	分类名称
01	工程建设项目基本信息	08	质量监督备案
02	项目规划	09	安全监督备案
03	初步设计	10	施工许可
04	施工图审查	11	竣工备案
05	项目报建	12	建设各方责任主体
06	招标投标	99	其他
07	项目合同		

5 数据元描述

5.0.1 数据元标识符应以数据元标示位、数据元分类代码和数据元在该分类内的编号组成（图 5.0.1）。编号由 4 位自然数组成，从 0001 开始按顺序由小到大连续编号。

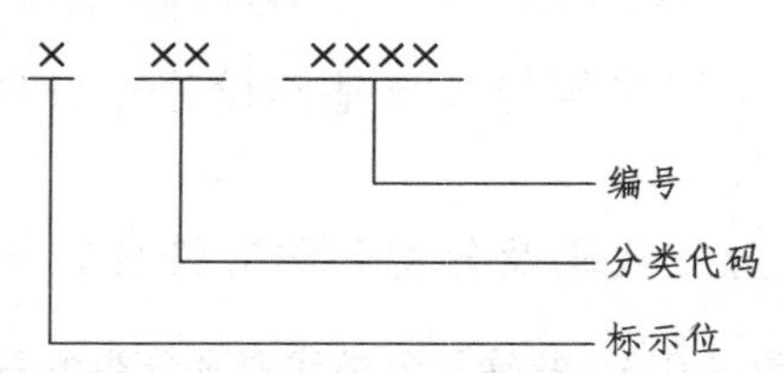

图 5.0.1 数据元标识符组成方式

5.0.2 数据类型应为字符型、数字型、日期型、日期时间型、数值型、布尔型、文本型、浮点型八种类型之一。各数据类型的可能取值应符合表 5.0.2 的规定。

表 5.0.2 数据类型的可能取值

数据类型	可能取值
字符型	通过字符形式表达的值
数字型	通过从“0”到“9”数字形式表达的值
日期型	通过 YYYY-MM-DD 的形式表达的值的类型
日期时间型	通过 YYYY-MM-DD hh:mm:ss 的形式表达的值的类型
数值型	指字段是数字型,长度为 *a*，小数为 *b* 位
布尔型	两个且只有两个表明条件值 True/False
文本型	包括文本类型二进制的具体格式
浮点型	当计算的表达式有精度要求时被使用

5.0.3 数据元值的表示格式及含义应符合表 5.0.3 的规定。

表 5.0.3 数据元值的表示格式及含义

数据类型	表示格式	含义
字符型	Varchar（*a*）	*a* 表示该数据元允许的最大规格或者长度。
数字型	Int	表示确定 *a* 个长度的整型数字
日期型	Data	表示年-月-日的格式
日期时间型	DataTime	表示年-月-日时：分：秒的格式
数值型	Decimal（*a*,*b*）	带小数的数值型，长度为 *a*，小数为 *b* 位
布尔型	Boolean	用 True/False 表示真/假、是/否、正/负、男/女等一一对应的两组数据
文本型	Text	表示 txt 文本的具体格式
浮点型	Float	用浮点数字，也就是实数（real）来表达的值的类型，当计算的表达式有精度要求时被使用，*m* 表示精确位数

5.0.4 数据元值域的给出应符合以下规定：

1 宜由国家现行有关标准规定的值域注册机构给出；

2 当值域注册机构没有给出时，宜通过国家现行有关标准规定的规则间接给出。

5.0.5 数据元版本标识符的编写格式以及版本控制宜遵循以下原则：

1 数据元的版本是由阿拉伯数字字符和小数点字符组成的字符串。

2 数据元的版本至少包含两个阿拉伯数字字符和一个小数点字符，且宜用小数点字符前的自然数表示主版本号、用小数点字符后的自然数表示次版本号。

3 当数据元的某些属性发生变化时，该数据元的版本标识符应进行相应改变。

4 数据元的版本标识符改变规则宜按现行国家标准《电子政务数据元》(GB/T 19488) 的有关规定执行。

5. 0. 6 本标准所列的数据元版本标识符为“1.0”。

6　数据元集

6.1　一般规定

6.1.1　本章各表中引用的值域应从附录 A 属性值字典表对应的表中查询。

6.1.2　在使用本标准时应按附录 B 数据交换接口共享数据。

6.2　工程建设项目基本信息

6.2.1　工程建设项目基本信息应包括工程建设项目基本信息、工程建设项目单项工程信息和建设单位信息等需要交换和共享的数据元。

6.2.2　工程建设项目基本信息数据元应包含表 6.2.2-1、表 6.2.2-2、表 6.2.2-3 中的内容。

表 6.2.2-1　工程建设项目基本信息

标识符	中文名	类型	值域	描述
3010001	项目编号	Varchar(60)	A.21	PK
3010002	项目名称	Varchar(200)		
3010003	项目属地	Varchar(200)		指项目所在行政区域
3010004	项目地址	Varchar(200)		

续表 6.2.2-1

标识符	中文名	类型	值域	描述
3010005	建设单位	Varchar(100)		
3010006	建设单位地址	Varchar(200)		
3010007	项目类型	Int	A.13	
3010008	结构类型	Int	A.5	
3010009	建设性质	Int	A.2	
3010010	建设模式	Int	A.22	
3010011	项目总投资	Float		万元
3010012	建设规模	Varchar(1000)		
3010013	立项批复单位	Varchar(200)		
3010014	立项文件名称	Varchar(200)		
3010015	立项文号	Varchar(100)		
3010016	批准单位	Varchar(100)		
3010017	项目状态	Int	A.28	
3010018	项目位置中心经度	Float		WGS-84 坐标系
3010019	项目位置中心纬度	Float		WGS-84 坐标系

表 6.2.2-2　工程建设项目单项工程信息

标识符	中　文　名	类　型	值　域	描　述
3020001	项目编号	Varchar(60)		PK
3020002	单项工程编号	Varchar(60)		
3020003	单项工程名称	Varchar(200)		
3020004	单项工程造价	Float		万元
3020005	单项工程结构类型	Int	A.5	
3020006	备注	Text		

表 6.2.2-3　建设单位信息

标识符	中　文　名	类　型	值　域	描　述
3030001	项目编号	Varchar(60)		PK
3030002	项目名称	Varchar(200)		
3030003	单位名称	Varchar(200)		
3030004	单位地址	Varchar(200)		
3030005	单位性质	Int	A.15	
3030006	单位所属地	Varchar(50)		
3030007	组织机构代码	Varchar(20)		
3030008	营业执照注册号	Varchar(50)		
3030009	法定代表人	Varchar(50)		
3030010	法定代表人手机	Varchar(20)		
3030011	联系电话	Varchar(50)		
3030012	电子邮箱	Varchar(50)		

6.3 项目规划

6.3.1 工程选址意见书信息数据元应包含表6.3.1中的内容。

表6.3.1 工程选址意见书信息

标识符	中文名	类型	值域	描述
3040001	项目编号	Varchar(60)		PK
3040002	项目名称	Varchar(200)		
3040003	项目拟选位置	Varchar(200)		
3040004	建设单位	Varchar(100)		
3040005	拟用地面积	Float		m^2
3040006	拟建设规模	Varchar(1000)		
3040007	建设用地情况	Varchar(200)	A.1	可多选
3040008	项目建设依据	Text		
3040009	附图及附件名称	Varchar(500)		
3040010	证书编号	Varchar(50)		
3040011	核发日期	Date		YYYY-MM-DD
3040012	发证机关	Varchar(100)		
3040013	备注	Text		

6.3.2 建设用地规划许可证信息数据元应包含表 6.3.2 中的内容。

表 6.3.2 建设用地规划许可证信息

标识符	中 文 名	类 型	值 域	描 述
3050001	项目编号	Varchar(60)		PK
3050002	项目名称	Varchar(200)		
3050003	建设单位	Varchar(100)		
3050004	用地位置	Varchar(200)		
3050005	用地单位	Varchar(200)		
3050006	用地性质	Varchar(200)		
3050007	用地面积	Float		m^2
3050008	建设规模	Varchar(1000)		
3050009	附图及附件名称	Varchar(500)		
3050010	证书编号	Varchar(50)		
3050011	核发日期	Date		YYYY-MM-DD
3050012	发证机关	Varchar(100)		
3050013	备注	Text		

6.3.3 建设工程规划许可证信息数据元应包含表 6.3.3 中的内容。

表 6.3.3 建设工程规划许可证信息

标识符	中文名	类 型	值 域	描 述
3060001	项目编号	Varchar(60)		PK
3060002	项目名称	Varchar(200)		
3060003	项目地址	Varchar(200)		
3060004	土地所属证明文件	Varchar(50)	A.3	
3060005	建设单位	Varchar(100)		
3060006	建设规模	Varchar(1000)		
3060007	附图及附件名称	Varchar(500)		
3060008	证书编号	Varchar(50)		
3060009	核发日期	Date		YYYY-MM-DD
3060010	发证机关	Varchar(100)		
3060011	备注	Text		

6.3.4 房屋建筑规划信息数据元应包含表 6.3.4 中的内容。

表 6.3.4 房屋建筑规划信息

标识符	中文名	类 型	值 域	描 述
3070001	项目编号	Varchar(60)		PK
3070002	项目名称	Varchar(200)		
3070003	证书编号	Varchar(50)		

续表 6.3.4

标识符	中文名	类型	值域	描述
3070004	规划用地面积	Float		m^2
3070005	容积率	Float		%
3070006	建筑密度	Float		%
3070007	绿地率	Float		%
3070008	停车位	Int		个
3070009	结构类型	Int	A.5	
3070010	地上层数	Int		层
3070011	地下层数	Int		层
3070012	高度	Float		m
3070013	栋数	Int		栋
3070014	建筑总面积	Float		m^2
3070015	地上总面积	Float		m^2
3070016	地下总面积	Float		m^2
3070017	备注	Text		

6.3.5 市政基础设施规划信息数据元应包含表 6.3.5 中的内容。

表 6.3.5 市政基础设施规划信息

标识符	中 文 名	类 型	值 域	描 述
3080001	项目编号	Varchar(60)		PK
3080002	项目名称	Varchar(200)		
3080003	项目类型	Int	A.14	
3080004	证书编号	Varchar(50)		
3080005	规划指标	Varchar(1000)		
3080006	备注	Text		

6.4 初步设计

6.4.1 初步设计信息数据元应包含表 6.4.1 中的内容。

表 6.4.1 初步设计信息

标识符	中 文 名	类 型	值 域	描 述
3090001	项目编号	Varchar(60)		PK
3090002	项目名称	Varchar(200)		
3090003	项目地址	Varchar(200)		
3090004	建设单位	Varchar(100)		
3090005	发文单位	Varchar(100)		
3090006	发文日期	Date		YYYY-MM-DD
3090007	批复编号	Varchar(50)		

续表 6.4.1

标识符	中文名	类型	值域	描述
3090008	批复文件	Varchar(200)		
3090009	总用地面积	Float		m^2
3090010	建筑占地面积	Float		m^2
3090011	总建筑面积	Float		m^2
3090012	地上总建筑面积	Float		m^2
3090013	地下总建筑面积	Float		m^2
3090014	公建总建筑面积	Float		m^2
3090015	居住总建筑面积	Float		m^2
3090016	其他总建筑面积	Float		m^2
3090017	建筑栋数	Int		栋
3090018	建筑最高层数	Int		层
3090019	建筑高度	Float		m
3090020	容积率	Float		%
3090021	建筑密度	Float		%
3090022	绿地率	Float		%
3090023	总停车位数	Int		个
3090024	地上停车位数	Int		个
3090025	地下停车位数	Int		个
3090026	设计使用年限	Int		年

续表 6.4.1

标识符	中文名	类型	值域	描述
3090027	设计单位	Varchar(50)		
3090028	设计单位资质等级	Varchar(100)		
3090029	工程设计等级	Int	A.4	
3090030	工程总概算	Decimal(15,6)		万元
3090031	建设规模	Varchar(1000)		
3090032	工程性质	Int	A.2	
3090033	抗震设防等级	Varchar(20)		
3090034	抗震设防烈度	Varchar(50)		
3090035	设计工艺或结构模式	Text		
3090036	备注	Text		

6.4.2 工程勘察信息数据元应包含表 6.4.2 中的内容。

表 6.4.2 工程勘察信息

标识符	中文名	类型	值域	描述
3100001	项目编号	Varchar(60)		PK
3100002	项目名称	Varchar(200)		
3100003	项目地址	Varchar(200)		
3100004	勘察单位	Varchar(50)		
3100005	勘察单位资质等级	Varchar(100)		

续表 6.4.2

标识符	中文名	类型	值域	描述
3100006	岩土工程勘察等级	Varchar(100)		
3100007	野外工作开始时间	Date		
3100008	野外工作结束时间	Date		
3100009	报告提交日期	Date		
3100010	钻孔定位	Int		个
3100011	钻探进尺	Float		m
3100012	标准贯入试验测试	Int		次
3100013	地基波速试验	Float		m
3100014	取土样	Int		件
3100015	取岩样	Int		件
3100016	水、土腐蚀性分析（土样）	Int		件
3100017	水、土腐蚀性分析（水样）	Int		件
3100018	颗粒分析	Int		件
3100019	室内土工试验及水质分析试验单位	Varchar(50)		
3100020	地基波速测试单位	Varchar(50)		
3100021	是否适宜建筑	Varchar(10)		
3100022	场地抗震设防烈度	Varchar(50)		
3100023	结论内容	Text		
3100024	建议内容	Text		

6.5 施工图审查

6.5.1 施工图审查信息汇总数据元应包含表 6.5.1 中的内容。

表 6.5.1 施工图审查信息汇总

标识符	中 文 名	类 型	值 域	描 述
3110001	项目编号	Varchar(60)		PK
3110002	项目名称	Varchar(200)		
3110003	项目地址	Varchar(200)		
3110004	建设单位	Varchar(100)		
3110005	审图机构	Varchar(100)		
3110006	审图机构资质等级	Varchar(100)		
3110007	审图机构证书编号	Varchar(50)		
3110008	审图机构法定代表人	Varchar(20)		
3110009	审查报告编号	Varchar(50)		
3110011	审查合格书编号	Varchar(50)		
3110012	审查日期	Date		YYYY-MM-DD
3110013	勘察单位	Varchar(100)		
3110014	勘察单位资质等级	Varchar(100)		
3110015	勘察单位证书编号	Varchar(50)		
3110016	设计单位	Varchar(100)		
3110017	设计单位资质等级	Varchar(100)		
3110018	设计单位证书编号	Varchar(50)		

续表 6.5.1

标识符	中 文 名	类 型	值 域	描 述
3110019	工程性质	Int	A.2	
3110020	结构类型	Int	A.5	
3110021	建筑总高度	Float		m
3110022	工程等级	Int	A.4	
3110023	建筑面积	Float		m^2
3110024	审查结论	Varchar(500)		
3110025	备案编号	Varchar(50)		
3110026	备案部门	Varchar(100)		
3110027	备案日期	Date		YYYY-MM-DD
3110028	备案部门意见	Varchar(500)		
3110029	备注	Text		

6.4.2 施工图专业审查信息数据元应包含表 6.4.2 中的内容。

表 6.5.2 施工图专业审查信息

标识符	中 文 名	类 型	值 域	描 述
3120001	项目编号	Varchar(60)		PK
3120002	项目名称	Varchar(200)		
3120003	审查专业	Varchar(10)	A.27	
3120004	审查结论	Varchar(20)	合格，不合格	

续表 6.5.2

标识符	中文名	类型	值域	描述
3120005	处理意见	Varchar(20)	不修改、一般修改、重大修改、重新设计	
3120006	违反强制性条文数	Int		
3120007	是否复审	Boolean		
3120008	审查人	Varchar(50)		
3120009	审核人	Varchar(50)		

6.6 项目报建

6.6.1 项目报建信息数据元应包含表 6.6.1 中的内容。

表 6.6.1 项目报建信息表

标识符	中文名	类型	值域	描述
3130001	项目编号	Varchar(60)		PK
3130002	项目名称	Varchar(200)		
3130003	项目属地	Varchar(50)		
3130004	项目地址	Varchar(200)		
3130005	建设单位	Varchar(100)		
3130006	建设单位地址	Varchar(200)		
3130007	建设单位法人	Varchar(50)		

续表 6.6.1

标识符	中文名	类型	值域	描述
3130008	建设单位性质	Int	A.15	
3130009	建设单位信贷证明	Varchar(100)		
3130010	工程类别	Int	A.13	
3130011	结构类型	Int	A.5	
3130012	政府投资	Decimal(15,6)		万元
3130013	自筹投资	Decimal(15,6)		万元
3130014	外商投资	Decimal(15,6)		万元
3130015	贷款投资	Decimal(15,6)		万元
3130016	其他投资	Decimal(15,6)		万元
3130017	总投资额	Decimal(15,6)		万元
3130018	用地面积	Float		m^2
3130019	建筑面积	Float		m^2
3130020	计划开工日期	Date		YYYY-MM-DD
3130021	计划竣工日期	Date		YYYY-MM-DD
3130022	发包方式	Int	A.16	
3130023	建设性质	Int	A.2	
3130024	项目建设内容	Text		
3130025	建设工程用地许可证号	Varchar(50)		
3130026	建设工程规划许可证号	Varchar(50)		
3130027	立项级别	Int	A.17	

续表 6.6.1

标识符	中文名	类型	值域	描述
3130028	立项文件名称	Varchar(200)		
3130029	立项文号	Varchar(100)		
3130030	批准单位	Varchar(100)		
3130031	批准日期	Date		YYYY-MM-DD
3130032	报建编号	Varchar(50)		
3130033	报建日期	Date		YYYY-MM-DD
3130034	立项批准规模	Varchar(50)		
3130035	备注	Text		

6.7 招标投标

6.7.1 招标基本信息数据元应包含表 6.7.1 中的内容。

表 6.7.1 招标基本信息

标识符	中文名	类型	值域	描述
3140001	项目编号	Varchar(60)		PK
3140002	项目名称	Varchar(200)		
3140003	项目地址	Varchar(200)		
3140004	建设单位	Varchar(100)		
3140005	标段名称	Varchar(200)		
3140006	建设规模	Float		m^2、m

续表 6.7.1

标识符	中文名	类型	值域	描述
3140007	工程造价	Decimal(15,6)		万元
3140008	结构类型	Int	A.5	
3140009	招标内容	Text		
3140010	招标范围	Int	A.6	
3140011	招标方式	Int	A.7	
3140012	招标组织形式	Int	A.18	
3140013	资金来源	Varchar(80)		
3140014	工期要求	Int		天（日历天）
3140015	资格审查方式	Int	A.8	
3140016	招标代理单位	Varchar(100)		
3140017	招标代理单位组织机构代码	Varchar(20)		
3140018	招标代理单位资质及等级	Varchar(200)		
3140019	招标代理单位人员姓名	Varchar(50)		
3140020	招标代理单位人员身份证号码	Varchar(18)		
3140021	招标代理单位人员执业资格证号	Varchar(20)		
3140022	评标时间	DateTime		YYYY-MM-DD HH:mm
3140023	评标地点	Varchar(200)		
3140024	评标方法	Int	A.9	

续表 6.7.1

标识符	中文名	类型	值域	描述
3140025	招标公告发布媒体类型	Int	A.23	
3140026	招标公告发布媒体名称	Varchar(200)		
3140027	招标公告发布日期	Date		YYYY-MM-DD
3140028	备案号	Varchar(50)		
3140029	备案机构	Varchar(100)		
3140030	备案日期	Date		YYYY-MM-DD
3140031	备注	Text		

6.7.2 中标结果信息数据元应包含表 6.7.2 中的内容。

表 6.7.2 中标结果信息

标识符	中文名	类型	值域	描述
3150001	项目编号	Varchar(60)		PK
3150002	项目名称	Varchar(200)		
3150003	项目地址	Varchar(200)		
3150004	标段名称	Varchar(200)		
3150005	建设单位	Varchar(100)		
3150006	中标价格	Decimal(15,6)		万元
3150007	中标企业名称	Varchar(100)		
3150008	中标企业组织机构代码	Varchar(20)		

续表 6.7.2

标识符	中文名	类型	值域	描述
3150009	中标企业经济性质	Int	A.15	
3150010	中标企业资质及等级	Varchar(100)		
3150011	中标企业资质证书号	Varchar(50)		
3150012	中标通知书编号	Varchar(20)		
3150013	中标通知书发布日期	Date		YYYY-MM-DD
3150014	备案号	Varchar(50)		
3150015	备案机构	Varchar(100)		
3150016	备案日期	Date		YYYY-MM-DD
3150017	备注	Text		

6.8 项目合同

6.8.1 项目合同信息数据元应包含表 6.8.1 中的内容。

表 6.8.1 项目合同信息

标识符	中文名	类型	值域	描述
3160001	项目编号	Varchar(60)		PK
3160002	项目名称	Varchar(200)		
3160003	合同编号	Varchar(50)		
3160004	合同名称	Varchar(200)		
3160005	合同类型编码	Int	A.26	

续表 6.8.1

标识符	中文名	类型	值域	描述
3160006	建筑面积或建设规模	Float		m^2
3160007	建设单位	Varchar(100)		
3160008	建设地点	Varchar(200)		
3160009	合同金额	Decimal(18,6)		万元
3160010	合同签订日期	Date		YYYY-MM-DD
3160011	合同开始日期	Date		YYYY-MM-DD
3160012	合同结束日期	Date		YYYY-MM-DD
3160013	收费金额或标准	Varchar(200)		
3160014	承包方名称	Varchar(100)		
3160015	合同备案号	Varchar(50)		
3160016	合同备案机关	Varchar(50)		
3160017	合同备案日期	Date		YYYY-MM-DD

6.9 质量监督备案

6.9.1 房建建筑工程质量监督备案信息数据元应包含表 6.9.1 中的内容。

表 6.9.1 房建建筑工程质量监督备案信息

标识符	中 文 名	类 型	值 域	描 述
3170001	项目编号	Varchar(60)		PK
3170002	项目名称	Varchar(200)		
3170003	项目地址	Varchar(200)		
3170004	单项工程名称	Varchar(200)		
3170005	单项工程编号	Varchar(60)		
3170006	建设单位	Varchar(100)		
3170007	建设单位法人	Varchar(20)		
3170008	勘察单位	Varchar(100)		
3170009	设计单位	Varchar(100)		
3170010	监理单位	Varchar(100)		
3170011	施工单位	Varchar(100)		
3170012	建筑面积	Float		m^2
3170013	地上层数	Int		层
3170014	地下层数	Int		层
3170015	结构类型	Int	A.5	
3170016	工程类型	Int	A.13	
3170017	工程总造价	Decimal(15,6)		万元
3170018	计划开工日期	Date		YYYY-MM-DD
3170019	计划竣工日期	Date		YYYY-MM-DD

续表 6.9.1

标识符	中文名	类型	值域	描述
3170020	备案号	Varchar(50)		
3170021	备案机构	Varchar(100)		
3170022	备案日期	Date		YYYY-MM-DD
3170023	备注	Text		

6.9.2 市政基础设施工程质量监督备案信息数据元应包含表6.9.2中的内容。

表 6.9.2 市政基础设施工程质量监督备案信息

标识符	中文名	类型	值域	描述
3180001	项目编号	Varchar(60)		PK
3180002	项目名称	Varchar(200)		
3180003	项目地址	Varchar(200)		
3180004	单项工程名称	Varchar(200)		
3180005	单项工程编号	Varchar(60)		
3180006	建设单位	Varchar(100)		
3180007	建设单位法人	Varchar(20)		
3180008	勘察单位	Varchar(100)		
3180009	设计单位	Varchar(100)		
3180010	监理单位	Varchar(100)		
3180011	施工单位	Varchar(100)		

续表 6.9.2

标识符	中文名	类型	值域	描述
3180012	建设规模	Varchar(1000)		
3180013	工程类型	Int	A.13	
3180014	工程总造价	Decimal(15,6)		万元
3180015	计划开工日期	Date		YYYY-MM-DD
3180016	计划竣工日期	Date		YYYY-MM-DD
3180017	备案号	Varchar(50)		
3180018	备案机构	Varchar(100)		
3180019	备案日期	Date		YYYY-MM-DD
3180020	备注	Text		

6.10 安全监督备案

6. 10. 1 房建建筑工程安全监督备案信息数据元应包含表 6.10.1 中的内容。

表 6.10.1 房屋建筑工程安全监督备案信息

标识符	中文名	类型	值域	描述
3190001	项目编号	Varchar(60)		PK
3190002	项目名称	Varchar(200)		
3190003	项目地址	Varchar(200)		
3190004	建设单位	Varchar(100)		
3190005	勘察单位	Varchar(100)		

续表 6.10.1

标识符	中文名	类型	值域	描述
3190006	设计单位	Varchar(100)		
3190007	监理单位	Varchar(100)		
3190008	施工单位	Varchar(100)		
3190009	单项工程名称	Varchar(200)		
3190010	单项工程编号	Varchar(60)		
3190011	建筑面积	Float		m^2
3190012	地上层数	Int		层
3190013	地下层数	Int		层
3190014	人防面积	Float		m^2
3190015	结构类型	Int	A.5	
3190016	工程类型	Int	A.13	
3190017	工程总造价	Decimal(15,6)		万元
3190018	计划开工日期	Date		YYYY-MM-DD
3190019	计划竣工日期	Date		YYYY-MM-DD
3190020	合同施工期限	Int		天（日历天）
3190021	安全文明施工目标	Varchar(80)		
3190022	重大危险源情况	Varchar(500)		
3190023	备案号	Varchar(50)		
3190024	备案机构	Varchar(100)		
3190025	备案日期	Date		YYYY-MM-DD
3190026	备注	Text		

6. 10. 2 市政基础设施工程安全监督备案信息数据元应包含表 6.10.2 中的内容。

表 6.10.2 市政基础设施工程安全监督备案信息

标识符	中 文 名	类 型	值 域	描 述
3200001	项目编号	Varchar(60)		PK
3200002	项目名称	Varchar(200)		
3200003	项目地址	Varchar(200)		
3200004	建设单位	Varchar(100)		
3200005	勘察单位	Varchar(100)		
3200006	设计单位	Varchar(100)		
3200007	监理单位	Varchar(100)		
3200008	施工单位	Varchar(100)		
3200009	单项工程名称	Varchar(200)		
3200010	单项工程编号	Varchar(60)		
3200011	建设规模	Varchar(1000)		
3200012	工程类型	Int	A.13	
3200013	工程总造价	Decimal(15,6)		万元
3200014	计划开工日期	Date		YYYY-MM-DD
3200015	计划竣工日期	Date		YYYY-MM-DD
3200016	合同施工期限	Int		天（日历天）
3200017	安全文明施工目标	Varchar(80)		

续表 6.10.2

标识符	中文名	类型	值域	描述
3200018	重大危险源情况	Varchar(500)		
3200019	备案号	Varchar(50)		
3200020	备案机构	Varchar(100)		
3200021	备案日期	Date		YYYY-MM-DD
3200022	备注	Text		

6.10.3 施工大型设备信息数据元应包含表 6.10.3 中的内容。

表 6.10.3 施工大型设备信息

标识符	中文名	类型	值域	描述
3210001	项目编号	Varchar(60)		PK
3210002	单项工程编号	Varchar(60)		
3210003	安监备案编号	Varchar(50)		
3210004	设备名称	Varchar(100)		
3210005	设备类型	Varchar(50)		
3210006	制造厂家	Varchar(200)		
3210007	出厂日期	Date		YYYY-MM-DD
3210008	出厂编号	Varchar(50)		
3210009	规格型号	Varchar(100)		
3210010	制造许可	Varchar(50)		
3210011	设备购置日期	Date		YYYY-MM-DD

续表 6.10.3

标识符	中文名	类型	值域	描述
3210012	起重量	Float		
3210013	起重单位	Varchar(50)		
3210014	设备数量	Int		
3210015	设备备案编号	Varchar(50)		
3210016	产权单位	Varchar(100)		
3210017	联系人	Varchar(50)		
3210018	联系电话	Varchar(50)		
3210019	使用单位	Varchar(100)		
3210020	安装单位	Varchar(100)		
3210021	安装日期	Date		
3210022	备注	Text		

6.11 施工许可

6.11.1 施工许可信息数据元应包含表 6.11.1 中的内容。

表 6.11.1 施工许可信息

标识符	中文名	类型	值域	描述
3220001	项目编号	Varchar(60)		PK
3220002	项目名称	Varchar(200)		
3220003	项目地址	Varchar(200)		

续表 6.11.1

标识符	中文名	类型	值域	描述
3220004	建设单位	Varchar(100)		
3220005	建设单位地址	Varchar(200)		
3220006	建设单位法定代表人	Varchar(20)		
3220007	工程名称	Varchar(200)		
3220008	工程编号	Varchar(60)		
3220009	工程类别	Int	A.13	
3220010	建设规模	Float		m^2
3220011	跨度高度	Float		m
3220012	结构类型	Int	A.5	
3220013	合同价格	Decimal(15,6)		万元
3220014	外币金额	Decimal(15,6)		万元
3220015	外币币种	Int	GB/T 12406－2008 表示货币和资金的代码	
3220016	勘察单位	Varchar(100)		
3220017	设计单位	Varchar(100)		
3220018	监理单位	Varchar(100)		
3220019	施工单位	Varchar(100)		
3220020	专业分包单位	Varchar(100)		
3220021	劳务分包单位	Varchar(100)		

续表 6.11.1

标识符	中文名	类型	值域	描述
3220022	总监理工程师	Varchar(20)		
3220023	监理工程师	Varchar(20)		
3220024	项目经理	Varchar(20)		
3220025	项目经理注册证书号	Varchar(20)		
3220026	技术负责人	Varchar(20)		
3220027	安全负责人	Varchar(20)		
3220028	合同开工日期	Date		YYYY-MM-DD
3220029	合同竣工日期	Date		YYYY-MM-DD
3220030	施工许可证编号	Varchar(50)		
3220031	发证单位	Varchar(100)		
3220032	发证日期	Date		YYYY-MM-DD
3220033	备注	Text		

6.12 竣工备案

6.12.1 竣工备案信息数据元应包含表 6.12.1 中的内容。

表 6.12.1 竣工备案管理信息

标识符	中文名	类型	值域	描述
3230001	项目编号	Varchar(60)		PK
3230002	项目名称	Varchar(200)		

续表 6.12.1

标识符	中文名	类型	值域	描述
3230003	项目地址	Varchar(200)		
3230004	建设单位	Varchar(100)		
3230005	工程名称	Varchar(200)		
3230006	工程编号	Varchar(60)		
3230007	结构类型	Int	A.5	
3230008	建筑面积	Float		m^2
3230009	工程造价	Decimal(15,6)		万元
3230010	工程造价结算金额	Decimal(15,6)		万元
3230011	工程类别	Int	A.13	
3230012	合同开工日期	Date		YYYY-MM-DD
3230013	合同竣工日期	Date		YYYY-MM-DD
3230014	实际开工日期	Date		YYYY-MM-DD
3230015	实际竣工日期	Date		YYYY-MM-DD
3230016	竣工验收日期	Date		YYYY-MM-DD
3230017	规划许可证号	Varchar(50)		
3230018	施工许可证号	Varchar(50)		
3230019	消防合格验收文件号	Varchar(50)		
3230020	人防合格验收文件号	Varchar(50)		
3230021	建筑节能合格验收文件号	Varchar(50)		

续表 6.12.1

标识符	中 文 名	类 型	值 域	描 述
3230022	质量保修单位	Varchar(200)		
3230023	维修基金	Decimal(15,6)		万元
3230024	备案号	Varchar(50)		
3230025	备案机构	Varchar(100)		
3230026	备案日期	Date		YYYY-MM-DD
3230027	备注	Text		

6.13 建设各方责任主体

6.13.1 工程建设单位信息数据元应包含表 6.13.1 中的内容。

表 6.13.1 工程建设单位信息

标识符	中 文 名	类 型	值 域	描 述
3240001	项目编号	Varchar(60)		PK
3240002	单项工程编号	Varchar(60)		
3240003	项目阶段	Varchar(50)		
3240004	单位类型	Int	A.20	
3240005	单位名称	Varchar(200)		
3240006	单位地址	Varchar(100)		
3240007	单位组织机构代码	Varchar(20)		
3240008	单位资质项及等级	Varchar(200)		

续表 6.13.1

标识符	中文名	类型	值域	描述
3240009	单位资质证书编号	Varchar(50)		
3240010	单位安全生产许可证号	Varchar(50)		
3240011	单位法人	Varchar(20)		
3240012	单位联系电话	Varchar(20)		
3240013	备注	Text		

6.13.2 工程建设人员信息数据元应包含表 6.13.2 中的内容。

表 6.13.2 工程建设人员信息

标识符	中文名	类型	值域	描述
3250001	项目编号	Varchar(60)		PK
3250002	单项工程编号	Varchar(60)		
3250003	企业名称	Varchar(100)		
3250004	企业组织机构代码	Varchar(20)		
3250005	项目职务	Int	A.25	
3250006	项目阶段	Varchar(50)		
3250007	人员姓名	Varchar(50)		
3250008	人员性别	Int	GB/T2261.1－2003 个人基本信息分类与代码 第1部分：人的性别代码	男/女

续表 6.13.2

标识符	中 文 名	类 型	值 域	描 述
3250009	出生年月	Date		YYYY-MM-DD
3250010	人员身份证件类型	Int	A.24	
3250011	人员证件号码	Varchar(50)		
3250012	职称编号	Int		
3250013	职称名称	Varchar(30)		
3250014	注册专业	Varchar(50)		
3250015	注册证书号	Varchar(50)		
3250016	联系电话	Varchar(30)		
3250017	人员照片 URL	Varchar(200)		
3250018	备注	Varchar(200)		

附录A 属性值字典表

表A.1 建设用地情况

代 码	建设用地情况	代 码	建设用地情况
1	有名木古树	5	涉及危险化学品、烟花爆竹
2	有空中或地上管线	6	涉及产生职业病危害
3	市政设施或沟渠	9	其他
4	地面有文物古迹		

表A.2 建设性质

代 码	建 筑 性 质	代 码	建 筑 性 质
1	新建	3	扩建
2	改建	9	其他

表A.3 土地所属证明文件

代 码	土地所属证明文件	代 码	土地所属证明文件
1	国有土地使用证	3	土地划拨批准文件
2	土地使用出让合同	9	其他

表A.4 工程设计等级

代 码	工程设计等级	代 码	工程设计等级
1	特级	3	二级
2	一级	4	三级

表 A.5　结构类型

代　码	结构类型	代　码	结构类型
1	砖木结构	4	钢结构
2	砖混结构	9	其他
3	钢筋混凝土结构		

表 A.6　招标范围

代　码	招标范围	代　码	招标范围
1	招标代理招标	5	监理招标
2	勘察招标	6	材料采购招标
3	设计招标	7	检测招标
4	施工招标	9	其他

表 A.7　招标方式

代　码	招标方式	代　码	招标方式
1	公开招标	5	单一来源采购
2	邀请招标	6	询价
3	不招标	9	国务院政府采购监督管理部门认定的其他采购方式
4	竞争性谈判	—	比选招标

表 A.8 资格审查方式

代 码	资格审查方式	代 码	资格审查方式
1	资格预审	2	资格后审

表 A.9 评标方法

代 码	评 标 方 法	代 码	评 标 方 法
1	综合评标法	4	性价比法
2	经评审最低投标价法	5	双信封法
3	最低报价法	9	其他法律、行政法规允许的其他评标方法

表 A.10 事故级别

代 码	事 故 级 别	代 码	事 故 级 别
1	一般事故	3	重大事故
2	较大事故	4	特大事故

表 A.11 事故发生部位

代 码	事故发生部位	代 码	事故发生部位
1	土石方工程	8	外用电梯
2	基坑	9	施工机具
3	模板	10	现场临时用电线路
4	脚手架	11	外电线路
5	洞口和临边	12	墙板结构
6	井架及龙门架	13	临时设施
7	塔吊	99	其他

表 A.12 检测类别

代 码	检 测 类 别	代 码	检 测 类 别
1	建筑工程材料见证取样检测	7	建筑幕墙（门窗）检测
2	市政（道路）工程材料见证取样检测	8	建筑智能化系统工程质量检测
3	建筑工程结构检测	9	建筑节能检测
4	建筑工程钢结构检测	10	市政桥梁检测
5	建筑工程地基基础检测	11	建设工程结构可靠性鉴定检测
6	建筑工程市内环境检测	99	其他

表 A.13 工程类别

代 码	工 程 类 别	代 码	工 程 类 别
1	房屋建筑工程	9	公路工程
2	冶炼工程	10	港口与航道工程
3	矿山工程	11	航天航空工程
4	化工石油工程	12	通信工程
5	水利水电工程	13	市政基础设施工程
6	电力工程	14	机电安装工程
7	农林工程	99	其他
8	铁路工程		

表 A.14 市政工程类别

代码	项目状态	代码	项目状态
1	城市道路工程	7	城市供气工程
2	城市轨道工程	8	城市供热工程
3	城市公共广场工程	9	生活垃圾处理工程
4	城市桥涵工程	10	城市园林工程
5	城市供水工程	11	停车设施工程
6	城市排水工程	99	其他

表 A.15 单位性质

序号	编码	类别
1	100	内资企业
2	110	国有企业
3	120	集体企业
4	130	股份合作企业
5	140	联营企业
6	141	国有联营企业
7	142	集体联营企业
8	143	国有与集体联营企业
9	149	其他联营企业
10	150	有限责任公司
11	151	国有独资公司

续表 A.15

序　号	编　码	类　别
12	159	其他有限责任公司
13	160	股份有限公司
14	170	私营企业
15	171	私营独资企业
16	172	私营合伙企业
17	173	私营有限责任公司
18	174	私营股份有限公司
19	190	其他企业
20	200	港、澳、台商投资企业
21	210	合资经营企业（港或澳、台资）
22	220	合作经营企业（港或澳、台资）
23	230	港、澳、台商独资经营企业
24	240	港、澳、台商投资股份有限公司
25	290	其他港、澳、台商投资企业
26	300	外商投资企业
27	310	中外合资经营企业
28	320	中外合作经营企业
29	330	外资企业
30	340	外商投资股份有限公司

续表 A.15

序 号	编 码	类 别
31	390	其他外商投资企业
32	810	军队单位
33	910	党政机关
34	920	事业单位
35	930	行业协会
35	990	其他(指个人)

表 A.16 发包方式

代码	发包方式	代码	发包方式
1	直接发包	2	招标发包

表 A.17 立项级别

代码	立项级别	代码	立项级别
1	国家级	4	县级
2	省级	9	其他
3	市级		

表 A.18 招标组织形式

代码	招标组织形式	代码	招标组织形式
1	自行招标	2	委托招标

表 A.19 招标类别代码

代码	招标类别代码	代码	招标类别代码
1	施工	7	测绘
2	监理	8	项目管理
3	规划	9	代理
4	设计	10	造价
5	勘察	99	其他
6	评估		

表 A.20 工程建设企业类型

代码	参建企业类型	代码	参建企业类型
1	施工总承包	9	检测机构
2	工程总承包	10	项目管理
3	专业承包	11	造价咨询
4	劳务分包	12	设备租赁
5	工程勘察	13	工程担保
6	工程设计	14	施工图审查机构
7	工程监理	15	监测咨询
8	招标代理	99	其他

A.21 项目编号规则

1）编码对象是工程建设领域的工程项目。

2）项目代码由项目审批单位在项目立项时负责赋码，项目代码在使用过程中保持唯一性和不变性。

3）项目代码是采用组合编码方式生成的特征组合码，由 21 位前段代码和不定长序列码组成。排列顺序从左至右依次为：6 位行政区划代码，11 位项目建设单位组织机构代码，4 位年度和不定长序列码。具体表示形式如图 A.21-1 所示。

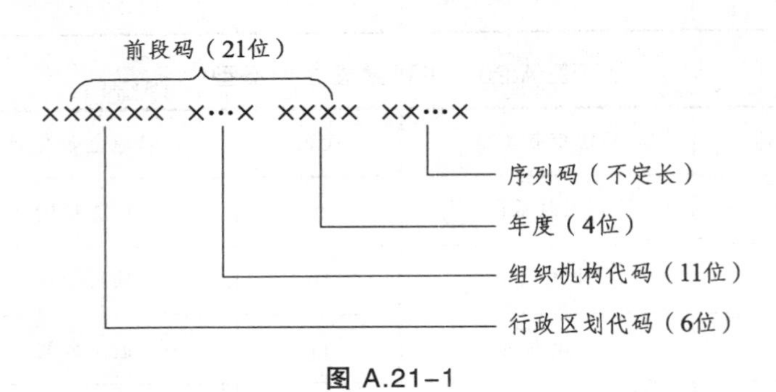

图 A.21－1

4）行政区划代码：6 位数字，按 GB/T 2260－2007 的规定执行。中央的行政区划代码为“000000”。

5）项目建设单位组织机构代码：11 位数字。

6）年度：4 位数字，表示项目立项的年度。

7）序列码：不定长字符的序列号，在同一前段码下应具有唯一性。

8）当项目划分为多个子项目时，以父项目代码为前缀，追加新的子项目代码，子项目代码按照以上项目编号规则生成，父项目代码与子项目代码间用“—”连接。具体表现形式如图 A.21-2 所示。

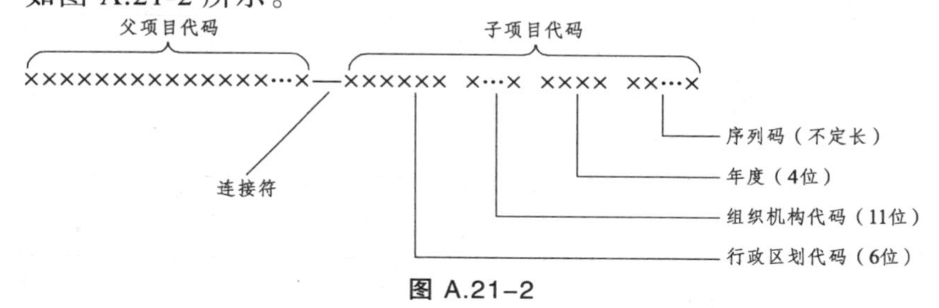

图 A.21-2

表 A.22　建设模式

代　码	建 设 模 式	代　码	建 设 模 式
1	自建	5	建设—拥有—经营—转让(BOOT)
2	建设—转让(BT)	6	代建制
3	建设—经营—转让(BOT)	7	设计—采购—施工（EPC）
4	建设—拥有—经营(BOO)	9	其他

表 A.23　招标公告发布媒体

代　码	招标公告发布媒体	代　码	招标公告发布媒体
1	报刊	9	其他媒介
2	信息网络		

表 A.24 身份证件类型

代　码	证件类型	代　码	证件类型
1	居民身份证	15	外交官证
2	军官证	16	领事馆证
3	武警警官证	17	海员证
4	士兵证	18	香港身份证
5	军队离退休干部证	19	台湾身份证
6	残疾人证	20	澳门身份证
7	残疾军人证（1-8 级）	21	外国人身份证件
8	护照	22	高校毕业生自主创业证
9	港澳同胞回乡证	23	就业失业登记证
10	港澳居民来往内地通行证	24	台胞证
11	中华人民共和国往来港澳通行证	25	退休证
12	台湾居民来往大陆通行证	26	离休证
13	大陆居民往来台湾通行证	99	其他证件

表 A.25 主要人员项目职务

代　码	主要人员项目职务	代　码	主要人员项目职务
1	项目经理	8	材料员
2	项目技术负责人	9	预算员
3	安全负责人	10	总监理工程师
4	施工员	11	专业监理工程师
5	质量员	12	监理员
6	专职安全员	13	项目管理师
7	设计负责人	99	其他

表 A.26 合同类型

序　号	代　码	合同类型
1	01	工程设计合同
2	02	施工总包合同
3	03	专业承包合同
4	04	劳务分包合同
5	05	招标代理合同
6	06	造价咨询合同
7	07	质量检测合同

续表 A.26

序　号	代　码	合 同 类 型
8	08	工程勘察合同
9	09	材料设备采购合同
10	10	设备租赁合同
11	99	其他合同

表 A.27　施工图审查专业类型

序　号	代　码	专 业 类 型
1	01	勘察专业
2	02	建筑专业
3	03	结构专业
4	04	给排水专业
5	05	电气专业
6	06	暖通专业
7	07	道桥专业
8	08	燃气专业
9	09	供热专业
10	10	环境卫生专业
11	11	公共交通专业
12	12	风景园林专业
13	99	其他专业

表 A.28　项目状态

代码	项目状态	代码	项目状态
1	筹备	5	竣工
3	立项	6	停工
4	在建		

附录B　数据交换接口

B. 0. 1　数据下载

四川省工程建设项目资源信息基础数据交换，宜采用数据交换平台接入方式，详见图B.1。

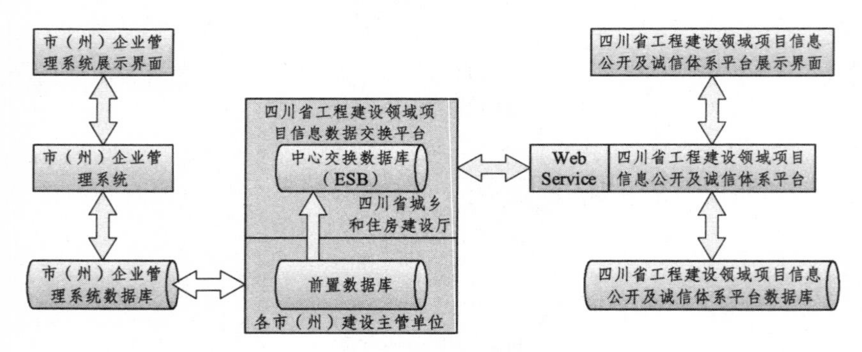

图B.1　数据交换平台

四川省工程建设领域项目信息数据交换平台集成了传统中间件技术、XML和Web服务等技术，提供了网络中最基本的连接中枢，提供了事件驱动和文档导向的处理模式，以及分布式的运行管理机制，提供了一系列的标准接口，具备复杂数据的传输功能，并支持基于内容的路由和过滤。

四川省工程建设领域项目信息公开及诚信体系平台的数据经过处理后自动迁移到中心交换数据库。市（州）建设主管部门采用 WebService 的方式从中心交换数据库中获取数据包链接地址，具体操作步骤如下：

1 市（州）建设主管部门通过数据交换平台验证身份；

2 身份验证成功后，数据交换平台自动将该市（州）相关数据打包；

3 数据交换平台向市（州）用户提供数据包下载地址和下载密码。

B. 0. 2 接口地址

◆ 数据下载接口地址

http:// 地址：端口/jstjkwebservice/JSTJKWebServices.asmx

B. 0. 3 接口定义

◆ 以.Net 对象形式返回某查询用户可查询数据源方法

DataTable GetJBInfo(string *Username*, string *Password*, out string *rn*)

UserName	数据源查询用户名，不可为空
Password	数据源查询密码，不可为空
rn	输出变量，OK 表示成功

返回值：返回该用户能查看的所有数据源。

◆ 以.Net 对象形式返回查询用户指定查询数据源的数据

DataTable GetTABLE(string *Username*, string *Password*, string *where*, string *lx*,string *DataSrcName*, out string *rn*)

UserName	数据源查询用户名，不可为空
Password	数据源查询密码，不可为空
Where	查询条件，可为空，格式：字段名=‘值’
Lx	数据库类型，1 表示 Oracle,0 表示 SQLSERVER，不可为空
DataSrcName	数据源名称，不可为空
rn	输出变量，OK 表示成功

返回值：返回某数据源的所有数据，如果 Where 条件不为空时，根据 Where 条件返回查询结果。

◆ 以 XML 形式返回某查询用户可查询数据源方法

String GetDataSrcForXml(string *Username*, string *Password*, out string *rn*)

UserName	数据源查询用户名，不可为空
Password	数据源查询密码，不可为空
rn	输出变量，OK 表示成功

返回值：返回该用户能查看的所有数据源，返回的是 XML 数据。

◆ 以 XML 形式返回查询用户指定查询数据源的数据

String GetTableForXml(string *Username*, string *Password*, string *where*, string *lx*,string *DataSrcName*, out string *rn*)

UserName	数据源查询用户名，不可为空
Password	数据源查询密码，不可为空
Where	查询条件，可为空，格式：字段名=‘值’
Lx	数据库类型，1 表示 Oracle,0 表示 SQLSERVER，不可为空
DataSrcName	数据源名称，不可为空
rn	输出变量，OK 表示成功

返回值：返回某数据源的所有数据，返回的是 XML 数据。如果 Where 条件不为空时，根据 Where 条件返回查询结果。

本标准用词说明

1 为便于在执行本标准条文时区别对待，对要求严格程度不同的用词说明如下：

1）表示严格，非这样做不可的：

正面词采用“必须”，反面词采用“严禁”；

2）表示严格，在正常情况下均应这样做的：

正面词采用“应”，反面词采用“不应”或“不得”；

3）表示允许稍有选择，在条件许可时首先应该这样做的：

正面词采用“宜”，反面词采用“不宜”；

4）表示有选择，在条件下可以这样做的，采用“可”。

2 条文中指明必须按其他标准、规范执行的写法为“应按……执行”或“应符合……的规定”。

引用标准名录

1 《建筑业施工企业管理基础数据标准》，中华人民共和国住房和城乡建设部，2010 年 1 月 8 日。

2 《建筑业企业资质等级标准》（自 2001 年 7 月 1 日起施行），中华人民共和国建设部，2001 年 4 月 20 日。

3 《中华人民共和国职业分类大典》，国家职业分类大典和职业资格工作委员会，1999 年 5 月正式颁布。

4 国家标准《职业分类与代码》（GB6565）。

5 国家标准《全国组织机构代码编制规则》（GB 11714），发布单位：国家技术监督局。

6 全国县及县以上行政区划代码表（国家标准 GB T 2260）。

7 国家标准《建设工程分类标准》（GB/T 50841），中华人民共和国住房和城乡建设部、中华人民共和国国家质量监督检验检疫总局，2013 年 5 月 1 日。

8 《建筑抗震设计规范》（GB 50011—2010），中华人民共和国住房和城乡建设部，2010 年 12 月 1 日。

引用标准名录

[illegible]

四川省工程建设地方标准

四川省房屋建筑与市政基础设施建设项目管理基础数据标准

DBJ 51/T 029 - 2014

条 文 说 明

目　次

1 总　则

1.0.1 随着国家和住房城乡建设信息化的快速推进，住房城乡建设事业的迅猛发展，行业信息资源的开发利用迫切需要统一的数据标准，以提高数据的规范化程度，构筑数据共享的基础，实现多元信息的集成整合与深度开发。本标准的编制目的，是为了实现四川省工程建设项目信息资源的标准化和规范化。

2 术 语

2.0.4 数据元定义的有关规定含义如下：

1 描述的确定性指编写定义时，要阐述其概念是什么，而不是仅阐述其概念不是什么。因为，仅阐述其概念不是什么并不能对概念作出唯一的定义。

2 用描述性的短语或句子阐述是指用短语来形成包含概念基本特性的准确定义。不能简单地陈述一个或几个同义词，也不以不同的顺序简单地重复这些名称词。

3 缩略语通常受到特定环境的限制，环境不同，同一缩写也许会引起误解或混淆。因此，在特定语境下使用缩略语不能保证人们普遍理解和一直认同时，为了避免词义不清，应使用全称。

4 表述中不应加入不同的数据元定义或引用下层概念，是指在主要数据元定义中不应出现次要的数据元定义。

2.0.11 数据元值域是指允许值集合中的一个值，是值域中的一个元素。值域可分为两种方式：非穷举域和穷举域。

1 非穷举域

比如数据元“项目投资规模”的值域是一个数字型表达的有效值集。这是一个非穷举域的集合。例如：2 008 559.90、2 990 335.54、6 342 123.52、……

2 穷举域

如国籍代码这个数据元中，值域为《世界各国和地区名称代码》(GB/T2659 – 1994)，其中穷举域为“中国、巴西、美国……”，在此，每个数据值可以有一个他们唯一的代码（如，CHN 代表中国、BRA 代表巴西、USA 代表美国……）。这种代码的用处在于为与数据实例相关的名称在各种语言系统和不同系统之间交换提供可能。

3 数据元组成

3.0.1 本标准数据元描述方法依据现行国家标准《信息技术 数据元的规范与标准化》(GB/T 18391)确定。《信息技术 数据元的规范与标准化》规定数据元的基本属性中，本标准采用其中的5个，即标识符、中文名、类型、值域、描述等属性内容。数据元属性描述的选择，应根据实际需要进行，数据元标识符、中文名、类型为必选属性描述，值域、描述为备选属性描述，只有在需要时才对数据元的值域、描述属性赋值。

3.0.2 保持唯一性是指任意两个数据元之间，不能有相同的标识符、名称和定义。

5 数据元描述

5.0.1 数据元标识符由分类代码和数据元在该分类中的编号共6位数字代码组成，以保证数据元标识符的唯一性。编号统一规定为4位数字码，一是为了保持数据元标识符长度的一致；二是考虑了发展的需要，为今后可能增加的数据元预留一部分编号空间。编号从0001开始递增可使数据元标识符的编码具有一定的规律性，可充分利用编号空间且避免出现重号。

6 数据元集

6.2 工程建设项目基本信息

6.2.1 工程建设项目基本信息应包括项目信息、单位工程信息、建设单位信息三部分。其中单项工程是指在一个建设项目中具有独立的设计文件，建成后能够独立发挥生产能力或工程效益的工程。它是工程建设项目的组成部分，应单独编制工程概预算。

6.3 项目规划

6.3.1 建设工程选址意见书是城乡规划行政主管部门依法核发的有关建设项目的选址和布局的法律凭证。《中华人民共和国城乡规划法》第三十六条规定：按照国家规定需要有关部门批准或者核准的建设项目，以划拨方式提供国有土地使用权的，建设单位在报送有关部门批准或者核准前，应当向城乡规划主管部门申请核发选址意见书。

6.3.2 建设用地规划许可证是建设单位在向土地管理部门申请征用、划拨土地前，经城市规划行政主管部门确认建设项目位置和范围符合城市规划的法定凭证，是建设单位用地的法律凭证。

6.3.3 建设工程规划许可证是有关建设工程符合城乡规划要

求准予进行施工建设的法律凭证。没有建设工程规划许可证，或者没有按照建设工程规划许可证进行开发建设的项目是违法建设，应当根据违法行为的不同阶段和情节轻重，由县级以上地方人民政府城乡规划主管部门予以行政处罚。

6.4 初步设计

6.4.1 初步设计信息应包括工程的批复文件、发文单位、用地面积、建筑占地面积、总建筑面积、栋数、容积率等方面需要交换和共享的基本信息数据元。

6.5 施工图审查

6.5.1 施工图审查信息应包括审图机构、审图机构资质等级、审图机构证书号、审查报告编号、审查合格书编号等方面需要交换和共享的基本信息数据元。

6.6 项目报建

6.6.1 项目报建信息应包括项目名称、建设单位、项目规模、计划开竣工日期、资金来源、当年投资额、发包方式等方面需要交换和共享的基本信息数据元。

6.7 招标投标

6.7.1 招标投标信息应包括招标基本信息和中标结果信息。

其中招标基本信息包括项目编号、项目名称、项目地址、建设单位、标段名称、建设规模、工程造价、结构类型、招标内容、招标范围、招标方式、招标组织形式、资金来源、工期要求、资格审查方式、招标代理单位等方面需要交换和共享的基本信息数据元。

6.7.2 中标结果信息应包括项目编号、项目名称、项目地址、标段名称、建设单位、中标价格、中标企业名称、中标企业组织机构代码、中标企业经济性质、中标企业资质及等级、中标企业资质证书号、中标通知书编号、中标通知书发布日期、备案号、备案机构、备案日期等方面需要交换和共享的基本信息数据元。

6.8 项目合同

6.8.1 项目合同信息应包括项目编号、项目名称、合同编号、合同名称、合同类型编码、建筑面积或建设规模、建设单位、建设地点、合同金额、合同签订日期、合同开始日期、合同结束日期、收费金额或标准、承包方名称、合同备案号、合同备案机关、合同备案日期等方面需要交换和共享的基本信息数据元。

6.9 质量监督备案

6.9.1 质量监督备案信息应包括项目编号、项目名称、项目地址、单项工程名称、单项工程编号、建设单位、建设单位法人、勘察单位、设计单位、监理单位、施工单位、建筑面积、地上层数、地下层数、结构类型等方面需要交换和共享的基本信息数据元。

6.10 安全监督备案

6.10.1 安全监督备案信息应包括项目编号、项目名称、项目地址、单项工程名称、单项工程编号、建设单位、建设单位法人、勘察单位、设计单位、监理单位、施工单位、建筑面积、地上层数、地下层数、结构类型等方面需要交换和共享的基本信息数据元。

6.11 施工许可

6.11.1 建筑工程施工许可证是建筑施工单位符合各种施工条件、允许开工的批准文件，是建设单位进行工程施工的法律凭证，也是房屋权属登记的主要依据之一。施工许可信息应包括工程名称、许可证编号、发证单位、发证日期等方面需要交换和共享的基本信息数据元。

6.12 竣工备案

6.12.1 建设工程竣工验收备案是指建设单位在建设工程竣工验收后，将建设工程竣工验收报告和规划、公安消防、环保等部门出具的认可文件或者准许使用文件报建设行政主管部门审核的行为。《建设工程质量管理条例》第四十九条规定：建设单位应当自建设工程竣工验收合格之日起 15 日内，将建设工程竣工验收报告和规划、公安消防、环保等部门出具的认可文件或者准许使用文件报建设行政主管部门或者其他有关部门备案。

6.13 建设各方责任主体

6.13.1 工程建设单位信息是指在工程项目建设中参与的勘察单位信息、设计单位信息、施工单位信息、监理单位信息、建设单位信息等企业主体信息。

6.13.2 工程建设人员信息数据是指在工程项目建设中参与人员信息数据。